黏土

指尖上的《水浒传》

赵飞 吴霜 著

浙江古籍出版社
Zhejiang Ancient Books Publishing House

前 言
Foreword

　　同学们，"指尖上的四大名著"终于和你们见面啦！

　　相信同学们对《三国演义》《水浒传》《西游记》《红楼梦》早已耳熟能详。它们给了我们传统文化的熏陶，文学艺术的启蒙，人生哲理的感悟……书中塑造了一个个鲜活人物，如神通广大的孙悟空、倒拔杨柳的鲁智深、足智多谋的诸葛亮，还有那天上掉下的"林妹妹"……现在，请大家动动灵巧的十指，让生动的人物形象诞生在你的指尖！

　　这套"指尖上的四大名著"系列图书，是教大家用超轻黏土亲手塑造自己喜爱的四大名著人物。超轻黏土是一种新型环保手工造型材料，无毒无害，质地轻柔，富有弹性，色彩丰富，容易手捏成型，风干后可长时间保存。为了让大家快速上手，在正式开始塑造人物之前，我们还为大家准备了超轻黏土造型的基础知识。只要大家按照书上的步骤操作，一定能做出自己喜爱的人物，体验制作的无穷乐趣，感受、欣赏并运用这一艺术形式。

　　同学们，准备好了吗？让我们一起走进这色彩斑斓的神奇世界，让指尖出彩，让经典诞生！

目 录
CONTENTS

第一章　基础知识

1　黏土的特点 ………… 2

2　黏土的调色 ………… 3

3　工具的介绍 ………… 4

4　支架的使用 ………… 5

5　基本形状 …………… 7

第二章　天罡星

1　及时雨宋江 ……… 10

2　智多星吴用 ……… 15

3　豹子头林冲 ……… 19

4　霹雳火秦明 ……… 25

5　小旋风柴进 ……… 31

6　花和尚鲁智深 …… 38

第三章　天罡星

1 行者武松 ………… 44

2 青面兽杨志 ……… 51

3 赤发鬼刘唐 ……… 57

4 黑旋风李逵 ……… 62

5 船火儿张横 ……… 68

6 浪里白条张顺 …… 75

第四章　地煞星

1 神机军师朱武 …… 82

2 跳涧虎陈达 ……… 88

3 白花蛇杨春 ……… 94

4 鼓上蚤时迁 ……… 100

5 菜园子张青 ……… 106

6 白日鼠白胜 ……… 112

第一章

基础知识

黏土的特点

1、质地柔软

黏土重量轻，质地柔软，可以方便做出各种造型。

2、颜色丰富

黏土颜色多样，色彩鲜艳，还可以自由搭配，不同颜色的黏土通过揉合可以制出更丰富的颜色。

3、可自然风干

黏土作品在常温下可以快速风干，不需加热或烘烤，风干后水分基本流失，重量会变轻又不容易变形。

4、黏土作品容易保存

黏土作品风干后，在避水、防尘、不用力掰的前提下，可以长期保存。

5、可与其他材质相结合

黏土与金属、纸张、木头、泡沫等材质都有极佳的密合度，包容性强。

6、表面可绘制

黏土作品定型后，可以在作品表面绘制各种图案，可用丙烯、水彩上色，也可用中性笔、马克笔等装饰。

三原色调色

红色 ＋ 黄色 ＝ 橙色   红色 ＋ 蓝色 ＝ 紫色   黄色 ＋ 蓝色 ＝ 绿色

纯度明度调色

通过添加白色来提高明度，降低纯度，白色越多，颜色越浅

红色 ＋ 白色 ＝ 粉红色   黄色 ＋ 白色 ＝ 浅黄色   蓝色 ＋ 白色 ＝ 浅蓝色

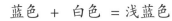

橙色 ＋ 白色 ＝ 浅橙色   绿色 ＋ 白色 ＝ 浅绿色   黑色 ＋ 白色 ＝ 灰色

通过添加黑色来降低纯度和明度，注意黑色用量不能太多

红色 ＋ 黑色 ＝ 深红色   黄色 ＋ 黑色 ＝ 橄榄绿   蓝色 ＋ 黑色 ＝ 深蓝色

橙色 ＋ 黑色 ＝ 褐色   绿色 ＋ 黑色 ＝ 深绿色

同学们还可以尝试不同颜色混合，调出自己喜欢的颜色哦！

大剪刀：剪切整体。

小剪刀：剪切细节。

镊子：夹起小物件及制作肌理效果。

尖嘴钳：钳断铁丝或拗铁丝造型。

圆头工具组：可戳大、小洞，也可用于按压轮廓。

黏土工具组：用于黏土作品的基本制作。

刻刀：切割细节。

针形工具：制作细节。

笔芯管：制作圆圈的肌理效果。

黏土棒：擀出厚度均匀的黏土片。

牙签：固定、支撑、连接黏土作品。

铝丝：做支架专用。

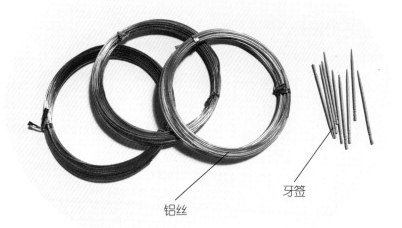

铝丝

牙签

支架的作用：

用来支撑固定黏土作品。我们制作黏土作品时，有时要将两个部分接合起来，需用支架来连接；制作一些较细的部分时也需用支架来固定，避免折断。

举例：

①用来固定底座、腿、身体。

②用来连接身体和头部。

③用来固定工具和其他道具的
造型，可以直接使用或者外面
包裹黏土使用。

④用来固定头饰。

1. 圆球状：将黏土放入手掌心，反复搓揉，使黏土受力均匀。

2. 圆柱体：先将黏土揉成圆球状，再用双手反复搓揉，上下平面用食指和大拇指按平，调整成需要比例即可。

3. 锥形：先将黏土捏成圆柱体，再将一头搓细即可。

4. 立体方形：先将黏土捏成圆柱体，再用双手的食指和大拇指将柱体部分捏出四个面，根据需要的比例来调整造型。

5. 立体梯形：先将黏土捏成立体方形，再将平行的两个面略微按压，最后有两个平面呈梯形。

6. 立体三角形：先将黏土揉成圆球状，用手掌压出上下两个面，再用双手的食指和大拇指捏出立体三角形的另外三个面。

7. 长条形：先将黏土揉成圆球状，将它放在平整桌面上，用一只手掌在桌上来回搓揉，注意用力均匀，根据具体情况调整长短和粗细。

8. 扁平状：将黏土揉成圆球状或者根据需要搓出大致造型，将其放在平整桌面上，用手掌按压，必要时可用黏土棒来擀，最后视需要用工具进行调整或者切割。

第二章

天罡星

及时雨 **宋江**

他日若遂凌云志
敢笑黄巢不丈夫

1 搓一个上小下大的肉色泥球。

2 把脸的正面稍稍按压，用锥形工具戳出眼眶。

3 准备一对白色泥球和一对较小的黑色泥球，组合后做眼睛。

4 将眼睛放入眼眶中。

5 再准备两条肉色泥条粘在眼睛上方做眼皮。

6 将肉色泥球粘在鼻子的位置。

7 用尖头工具戳出鼻孔。

8 用刻刀割出嘴唇的位置。

9 将一条黑色泥条固定在嘴巴里。

10 搓两条大小相同的黑色泥条，压扁粘在眼睛上方，作为眉毛。

11 搓两条大小相同的黑色泥条，摆成一个 m 形，粘在头顶。

12 准备若干黑色泥条，将其按照 m 形依次排列做成头发。

13 准备一块黑色圆柱体泥块和一片黑色的扁平泥片，将它们粘在一起。

⑭ 将其放在头顶的位置，做成帽子。

⑮ 搓一条黑色泥条绕在帽子的下方。

⑯ 将一片灰绿色椭圆形泥片粘在帽子下方的泥条上。

⑰ 搓一条棕色泥条，将泥条压成如图所示的形状。

⑱ 将其粘在帽子上，并用工具调整造型。

⑲ 搓两条黑色泥条，粘在鼻子下方，作为胡须。

⑳ 再准备一条黑色短泥条，粘在下巴上做胡子。

㉑ 用锥形工具在头部的两侧戳出耳朵位置。

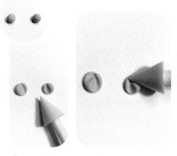

㉒ 搓两个肉色小泥球，用锥形工具压出耳朵的形状。

㉓ 将耳朵固定在头部两侧。

㉔ 搓两条黑色泥条粘在鬓角处。

㉕ 将一根牙签对折。

㉖ 搓若干棕色小泥条并粘贴在牙签上，做成羽毛的造型。

㉗ 将其插在帽子两侧，这样宋江的头部就完成了。

① 将铝丝拗成如图所示的造型。

② 将一片压扁的灰色泥片安在铝丝底部。

③ 将两块黑色泥块做成鞋子的造型。

④ 将鞋子安在铝丝上。

⑤ 再准备一块浅灰色矩形泥块。

⑥ 固定在鞋子上方。

⑦ 再搓一个浅灰色椭圆球形泥球。

⑧ 将泥球作为上半身放置在浅灰色方形泥块上。

⑨ 用刻刀工具按压出衣领的位置。

⑩ 搓一条蓝灰色泥条，粘在衣领的纹路上。

⑪ 将泥条压扁固定。

⑫ 再搓一条略粗一些的褐色泥条绕在腰间，作为腰带，并刻出纹路。

13 在身体的两侧戳两个小洞，留出手臂的位置。

14 准备两块浅灰色锥形泥块。

15 将泥块固定在身体两侧，做成手臂。

16 将手臂背到身体的后面。

17 用刀形工具压出臂弯处的衣褶。

18 搓两个肉色小泥球，用锥形工具压出手掌的造型，并用剪刀剪出大拇指。

19 将手粘在手臂下方。

20 在身体上方插入一根牙签，固定头部。

吴用

字称吴学究

人号智多星

① 搓一个肉色泥球，用锥形工具戳出眼眶和鼻子的位置。

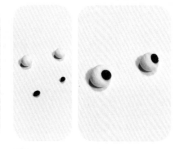

② 准备一对白色泥球和一对较小的黑色泥球，组合后做眼睛。

③ 将眼睛放入眼眶中。

④ 准备两条肉色泥条，粘在眼睛上方做眼皮。

⑤ 在鼻子的位置粘一个肉色小泥球。

⑥ 用尖头工具戳出鼻孔。

⑦ 准备两条黑色泥条粘在鼻子下方，做成胡子。用刻刀刻出嘴巴的位置。

⑧ 将一条红色泥条固定在嘴巴位置，并用刻刀割出上下嘴唇。

⑨ 搓两条黑色小泥条，粘在眼睛的上方，用来做眉毛。

⑩ 搓一条黑色泥条粘在下巴位置，做成山羊胡子。

⑪ 将一块浅蓝色圆柱体泥块固定在头顶上，做成帽子。

⑫ 将一条深蓝色泥条绕在帽子下方。

⓭ 将一块白色泥块粘在深蓝色泥条的中间。

❶ 准备一块浅蓝色锥形泥块，作为身体。

❷ 用刀形工具按压出衣领和腰带的位置。

⓮ 将两个肉色小泥球压扁，并用锥形工具按压出耳朵的造型。

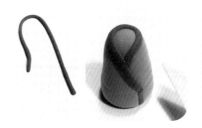

❸ 将一条深蓝色泥条按压在衣领位置。

❹ 再取一条深蓝色泥条在腰带的位置绕一圈。

❺ 将腰带和衣领都按压扁。

⓯ 将耳朵固定在头部两侧。

❻ 搓一块肉色泥块，做成中间大两边小的造型，固定在脖子的位置。

❼ 在身体的两侧戳出手臂的位置。

·17·

⑧ 搓两块大小相同的浅蓝色锥形泥块，作为手臂。
将深蓝色小泥条平分，绕在浅蓝色圆柱体下方。   ⑨ 将它们固定在身体两侧。

⑮ 将手掌固定在手臂下方，调整造型。

⑩ 调整手臂的造型，用刀形工具划出臂弯的衣褶。   ⑪ 在身体上方插一根牙签。   ⑫ 将一块上细下粗的泥块固定在牙签上，用来做脖子。

⑬ 将头部固定在牙签上。   ⑭ 将两个肉色椭圆状泥块压扁，用锥形工具按压出手掌的形状，再用刻刀刻出手指的造型。

⑯ 调整整体造型。

仗义是林冲
为人最朴忠

豹子头

3 林冲

① 搓一个肉色泥球。

② 用锥形工具戳出眼眶。

③ 准备一对白色泥球和一对较小的黑色泥球，组合后做眼睛。

④ 将眼睛放入眼眶中。

⑤ 再准备两条肉色泥条粘在眼睛上方，做眼皮。

⑥ 将一个肉色泥球粘在鼻子的位置。

⑦ 用尖头工具戳出鼻孔。

⑧ 将一条深棕色泥条固定在嘴巴的位置，用刻刀割出上下嘴唇。

⑨ 搓两条大小相同的黑色泥条，粘在眼睛上方，用来做眉毛。

⑩ 准备若干黑色泥条，粘在头顶的位置，做成头发。

⑪ 准备一片土黄色泥片。

⑫ 将土黄色泥片粘在头顶的位置，再放一块黄色的尖球状泥块装饰。

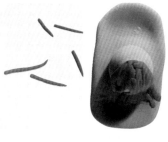

⑬ 准备若干红色小泥条粘在帽子顶端。

⑭ 在头的两侧戳出耳朵的位置。

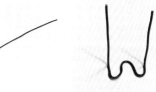

① 将铝丝拗成如图所示的造型。

② 将一片压扁的褐色泥片安在铝丝底部。

⑮ 将两个肉色小泥球压扁，用锥形工具压出耳朵的形状。

⑯ 将耳朵固定在头部两侧。

③ 将两块黑色泥块做成鞋子的造型。

④ 将鞋子插入铝丝，固定好位置。

⑤ 搓两块红色圆柱体泥块。

⑰ 准备黑色泥条粘在鬓角处。

⑱ 再准备三条泥条捏成胡子并固定在如图所示的位置。

⑥ 将其安在鞋子上方，用来做裤子。

⑦ 准备一块绿色矩形泥块，安在裤子上方。

8 再搓一个绿色泥球，用来做上半身。

9 用刀形工具刻出衣领的纹路。

10 搓一条深灰色泥条，绕在腰间，用来做腰带。

11 用刀形工具刻出腰带的纹路。

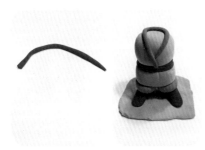

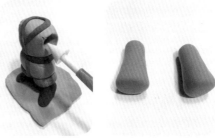

12 再搓一条棕色泥条，绕在衣领处。

13 再搓一条短棕色泥条，粘在腰带下方，并压扁。

14 用锥形工具在身体的两侧戳出手臂的位置。

15 揉两块绿色泥块。

16 将绿色泥块固定在身体两侧，用来做手臂。

17 用刀形工具刻出臂弯的衣褶。

18 用细长红色泥条，绕在两片深灰色长方形泥片的周围，用笔芯管在泥片上戳出一些小孔。

19 将其粘在肩膀上，用来做肩甲。

① 在身体的正上方插一根牙签。

② 将头固定在身体上。

③ 将两个肉色泥球压扁，用锥形工具压出手掌的纹路，再用剪刀剪出大拇指的形状，用刻刀刻出手指头的造型。

④ 将做好的手掌粘在手臂下方，并调整造型。

⑤ 准备一根铝丝和深灰色泥条，将铝丝穿入深灰色泥条。

⑥ 将一条灰色泥条粘在铝丝的一端。

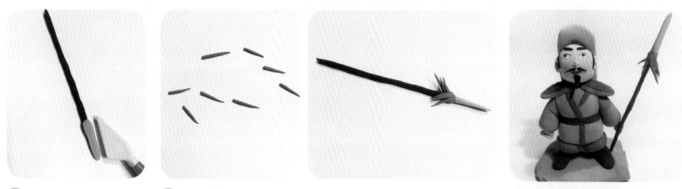

7 用刀形工具压出尖头的
棱角。

8 准备若干红色小泥条，粘在尖头的位置，用来做红缨，并调整
造型。

9 将武器放置于林冲的左手。

霹雳火 **秦明**

性如霹雳火
虎将是秦明

① 准备一块肉色矩形泥块和一片扁平的黄色泥片。

② 将其组合在一起。

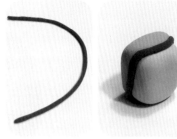

③ 搓一条紫色泥条绕两者相交处粘贴。

④ 用锥形工具在肉色泥块上戳出眼眶。

⑤ 准备一对白色泥球和一对较小的黑色泥球，组合后做眼睛。

⑥ 将眼睛放入眼眶中。

⑦ 把一条黑色泥条折弯，粘在眼睛上方，用来做眉毛。

⑧ 做一块白色方形泥块粘在嘴巴的位置，稍微斜一点。

⑨ 用刻刀刻出牙齿的造型。

⑩ 将一条黑色泥条绕嘴巴粘贴。

⑪ 准备一条肉色泥条，粘在鼻子的位置，并用尖头工具戳出鼻孔。

⑫ 用刀形工具将一条黑色泥条刻出整齐的纹路。

① 将铝丝拗成如图所示的造型。

② 将一片压扁的蓝灰色泥片安在铝丝底部。

③ 将两块黑色泥块做成鞋子的造型。

⑬ 用剪刀剪出胡子造型。

④ 将鞋子套入铝丝，并固定位置。

⑤ 揉一块紫色矩形泥块，安在鞋子上，用来做下半部分身体。

⑥ 再准备一块紫色矩形泥块，用来做上半部分身体。

⑭ 将其粘在下巴的位置，用来做胡子。

⑦ 准备两片土黄色正方形泥片。

⑧ 将两片泥片一前一后粘在身体上。

⑨ 再将两片月牙形黄色泥片，粘在身体的下半部分。

   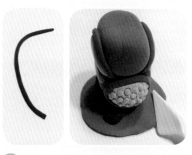

⑩ 用笔芯管在上面戳出密集小孔。

⑪ 用刀形工具在土黄色泥片的中间划一道。

⑫ 搓一条紫色泥条，绕着土黄色泥片粘贴。

⑬ 再搓一条紫色泥条，平分后绕黄色泥片两侧粘贴。

⑭ 准备一条紫色泥条，绕在腰间，用来做腰带。

⑮ 用锥形工具在身体的两侧戳出手臂的位置。

⑯ 将两条大小相同的紫色泥条固定在身体两侧。

⑰ 用刀形工具刻出臂弯的衣褶。

⑱ 将一个黄色泥球剪成两个半圆。

⑲ 将其压扁粘在肩膀的位置。

⑳ 用笔芯管在上面戳出密集小孔。

㉑ 将紫色泥条在其周围绕一圈。

③ 将一根牙签插在紫色泥条中间，再准备两片红色小泥片。

④ 将红色泥片粘在紫色泥条上。

① 在身体正上方插一根牙签。

⑤ 准备若干黄色小泥条，将小泥条粘在红色泥片周围做出火焰的造型。

⑥ 将牙签从后背脖子处插入。

② 将头部固定在身体上。

⑦ 准备一根铝丝和黑色泥条，将黑色泥条包裹铝丝。

⑧ 搓一个绿色泥球，用刀形工具刻出瓜棱形。

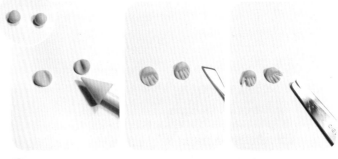

⑪ 将两个肉色泥球压扁，用锥形工具压出手掌的纹路，再用刻刀刻出手指头的造型，用剪刀剪出大拇指。

⑨ 将铝丝插在绿色泥球上。

⑩ 将黄色泥条粘贴在绿色泥球下方。

⑫ 将手掌粘在手臂下方，并调整造型。

⑬ 将武器固定在左手上。

能文会武孟尝君
小旋风聪明柴进

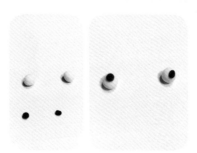

① 搓一个肉色泥球，用锥形工具戳出眼眶。

② 准备一对白色泥球和一对较小的黑色泥球，组合后做眼睛。

③ 将眼睛放入眼眶中。

④ 准备两条肉色泥条，粘在眼睛上方作为眼皮。

⑤ 搓两条黑色泥条，粘在眼睛的上方，用来做眉毛。

⑥ 在鼻子的位置粘一个肉色小泥球。

⑦ 用尖头工具戳出鼻孔。

⑧ 用刻刀刻出嘴巴的位置。

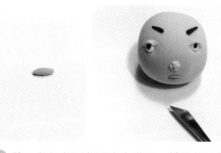

⑨ 将一条粉色泥条固定在嘴里，并用刻刀割出上下嘴唇。

⑩ 准备一条黑色泥条，固定在嘴巴上方。

⑪ 准备一块紫色矩形泥块和一片泥片。

12 将两块泥粘在一起，固定在头 顶位置。

13 将一条黄色泥条和一个黄色泥球粘在一起，做成元宝的 造型。

14 将元宝粘在帽子的正前方。

15 将一条紫色泥条绕在帽子的 底部。

16 将两个肉色小泥球压扁，并用锥形工具按压出 耳朵的造型。

17 用锥形工具在头的两侧戳出耳朵的位置。

18 将耳朵固定在头部两侧。

19 准备若干黑色小泥条。

20 将这些泥条粘在帽沿的下 方，用来做头发。

21 将一条黑色的三角形泥条粘在 下巴位置，用来做胡子。

22 将一条紫色泥条用刀形工具刻出纹理，并在中间粘一个紫色圆片，做头饰。

23 将头饰粘在帽子顶部。

① 将铝丝拗成如图所示的造型。

② 将一片压扁的深灰色泥片套在铝丝底部。

③ 将两块黑色泥块做成鞋子的造型。

④ 将鞋子安在铝丝上。

  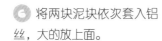 

⑤ 准备两块紫色泥块。

⑥ 将两块泥块依次套入铝丝，大的放上面。

⑨ 将紫色泥条沿衣领粘贴，并按压。

⑦ 用刀形工具按压出衣领的位置。

⑧ 搓一条紫色泥条。

⑩ 再将一条紫色泥条绕在腰间，用来做腰带。

⑪ 用刻刀刻出腰带的纹理。

⑫ 用锥形工具戳出手臂的位置。

⑬ 揉两块大小一样的锥形紫色泥块。

⑭ 将泥块固定在身体两侧。

⑮ 用刀形工具刻出臂弯的衣褶，并摆好手臂的造型，一前一后。

⑯ 将两个肉色泥球压扁，用锥形工具按压出手掌，再用刻刀刻出手指头的造型，剪刀剪出拇指。

⑰ 将手掌固定在手臂下方，调整造型。

1 在身体正上方插一根牙签。

2 将头部固定在身体上。

3 准备一大一小两个绿色泥球组合在一起，再准备若干红棕色小泥条。

4 将它们组合在一起，做玉佩。

5 将玉佩固定在腰带的右下方。

6

花和尚 **鲁智深**

不看经卷花和尚
酒肉沙门鲁智深

① 准备一个肉色泥球。

② 用锥形工具戳出眼眶。

③ 准备一对白色泥球和一对较小的黑色泥球，组合后做眼睛。

④ 将眼睛放入眼眶内。

⑤ 再准备两条肉色泥条粘在眼睛上方做眼皮。

⑥ 搓两条大小相同的黑色泥条，粘在眼睛上方，用来做眉毛。

⑦ 搓一个肉色小泥球粘在鼻子的位置。

⑧ 用尖头工具戳出鼻孔。

⑨ 搓一条粉红色泥条固定在嘴巴的位置，并用刻刀割出上下嘴唇。

⑩ 准备四个黑色小泥球，整齐排列在头顶上。

11 准备若干绿色小泥条，将其中两条粘在鼻子下方，其余的泥条粘在下巴的位置，用来做胡子。

12 用锥形工具在头的两侧戳出耳朵的位置。

13 准备两个同样大小的肉色泥球，用锥形工具压出耳朵的形状。

14 将耳朵固定在头部两侧，这样头就做好了。

1 将铝丝拗成如图所示的造型。

2 将一片压扁的灰色泥片安在铝丝底部。

3 将两块灰色泥块做成鞋子的造型。

4 将鞋子安在铝丝上。

5 准备一块浅蓝色矩形泥块。

6 将其安在鞋子上方。

7 再搓一个浅蓝色椭圆形泥球做上半身。

8 用刀形工具按压出衣领的位置。

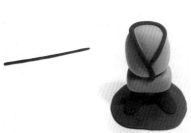    

9 搓一条黑色泥条，绕在衣领处。

10 再搓一条略粗一些的黑色泥条绕在腰间，用来做腰带。

11 在身体的两侧戳两个小洞。

12 准备两块大小相同的浅蓝色泥块，固定在身体两侧，做手臂。

① 将手掌粘在手臂下方，调整手部造型。

② 在身体的正上方插一根牙签。

③ 准备一根牙签和若干形状的浅蓝色泥料。

⑬ 准备两个大小相同的肉色小泥球，用锥形工具压出手掌的造型。

④ 将其组合在一起，做鲁智深的武器。

⑤ 将头固定在身体上方，武器粘在右手上，完成。

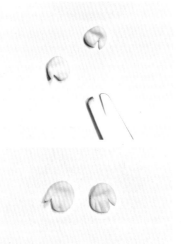

⑭ 用剪刀剪出大拇指的形状，并刻出手指头的大致形状。

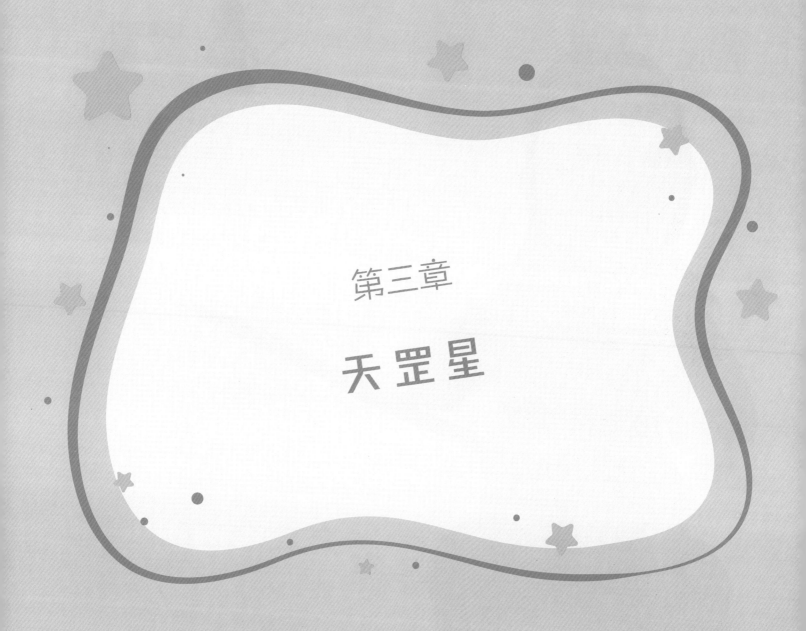

第三章

天罡星

1

行者 **武松**

钢刀两口逆寒光
行者武松形象

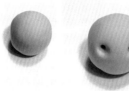   

① 搓一个灰色泥球，用锥形工具戳出眼眶。

② 准备一对白色泥球和一对较小的黑色泥球，组合后做眼睛。

③ 将眼睛放入眼眶中。

④ 准备两条灰色泥条，粘在眼睛上方做眼皮。

⑤ 在鼻子的位置粘一个灰色小泥球。

⑥ 用尖头工具戳出鼻孔。

⑦ 搓两条黑色小泥条，粘在眼睛的上方，用来做眉毛。

⑧ 用刻刀刻出嘴巴的位置。

⑨ 将一条棕色泥条固定在嘴巴的位置，并用刻刀割出上下嘴唇。

⑩ 准备一个黑色泥球，做成帽子的形状，盖在武松的头顶。

⑪ 用刀形工具刻出帽子的造型。

13 准备若干黑色小泥条。

14 将小黑条粘在帽子下方，用来做头发。

15 用锥形工具在头部两侧戳出耳朵的位置。

16 将两个灰色小泥球压扁，并用锥形工具按压出耳朵的造型。

17 将耳朵固定在头部两侧。

18 准备一长一短两条黄色泥条，将长条泥条绕武松的头一圈。

19 再把短的黄色泥条对折后固定在长泥条上方正中间的位置。

20 用伞形工具在长的黄色泥条上戳出若干凹陷。

1 将铝丝拗成如图所示的造型。

2 将一片压扁的灰绿色泥片安在铝丝底部。

3 将两块黑色泥块做鞋子的造型。

4 将鞋子套入铝丝，并固定位置。

5 将黄色泥块和蓝色泥块固定在一起。

6 用锥形工具在黄色泥块一端按压一下。

7 将一块红色的三角形泥块粘在按压处。

8 将三块泥固定在脚上，作为下半身。

9 用刀形工具按压出纹路。

10 再将一块黄色泥块和一块蓝色泥块固定在一起。

11 将组合好的泥块作为上半身，安在下半身上。

12 搓两条蓝色泥条，使其固定在身体上。

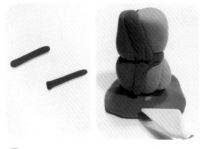

13 身后也固定两条蓝色泥条，并用刀形工具按压，制作纹路。

14 将一条棕色泥条绕在腰间，用来做腰带。

15 用刀形工具刻出腰带的纹理。

16 在身体两侧戳两个小洞。

17 准备黄色和蓝色的锥形泥块做手臂，黄色的泥块略长。

18 将手臂固定在身体两侧，蓝色在左，黄色在右。

19 用刀形工具刻出臂弯的衣褶。

20 搓一条黑色泥条固定在黄蓝色衣服交界的位置。

21 在身体的正上方插一根牙签。

1 将一块灰色的圆柱体泥块安在身体上，做脖子，并调整脖子长度。　2 搓一条棕色泥条绕在脖子的位置。

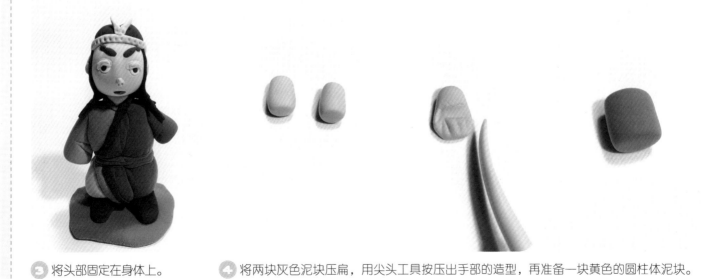

3 将头部固定在身体上。　4 将两块灰色泥块压扁，用尖头工具按压出手部的造型，再准备一块黄色的圆柱体泥块。

5 将黄色泥块粘在蓝色手臂处，把做好的手掌粘在黄色手臂下方。

6 再将一块灰色泥块压扁，用刻刀按压出手部的造型，突出大拇指。

7 将手固定在左手臂下方，调整造型。

8 准备若干红色小泥球。

9 按顺序摆放，做成念珠的形状。

10 准备一段铝丝，将棕色黏土包裹铝丝，用来做武器。

11 将武器固定在左手上，完成。

青面兽

杨志

2

降龙伏虎真同志
兽面谁知有佛心

1 准备一个上小下大的肉色泥球和扁平的浅紫色圆形泥片。

2 将紫色泥片粘在肉色泥球上。

3 用锥形工具戳出眼眶和嘴巴的位置。

4 准备一对白色泥球和一对较小的黑色泥球，组合后做眼睛。

5 将眼睛放入眼眶中。

6 准备一条肉色泥条和一条紫色泥条，分别粘在眼睛上方做眼皮。

7 搓两条黑色小泥条，粘在眼睛的上方，用来做眉毛。

8 准备若干黑色泥条。

9 将泥条按照 m 形排列粘在头顶，做成头发。

10 准备一片粉色的圆形泥片和一块黑色泥块，用锥形工具将粉色泥片按压出褶皱。

11 将黑色泥块粘在粉色泥片上并固定在头顶上。

12 在头部两侧戳出耳朵的位置。

13 将两个大小相同的肉色泥球压扁。

14 用锥形工具按压出耳朵的造型。

15 将耳朵固定在头部两侧。

16 将一个肉色泥球粘在鼻子的位置。

17 用尖头工具戳出鼻孔。

18 用刻刀刻出嘴巴的位置，并将一条红色泥条固定。

19 将一条黑色泥条粘在鼻子下方。

20 准备若干黑色小泥条粘在下巴及脸颊的位置，做胡子。

① 将铝丝拗成如图所示的造型。

② 将一片压扁的紫灰色泥片安在铝丝底部。

③ 将两块黑色泥块做成鞋子的造型。

④ 将鞋子套入铝丝，并固定位置。

⑤ 揉一块蓝色矩形泥块，将其安在鞋子上，用来做下半部分身体。

⑥ 再准备一块略长的蓝色矩形泥块，用来做上半部分身体。

⑦ 准备一片深蓝色泥片，将其绕在身体中间。

⑧ 用刀形工具在蓝色泥片中间按压一圈。

⑨ 搓一条浅紫色泥条，绕在中间。

⑩ 用刀形工具刻出纹路。

⑪ 再用刀形工具在上身按压出衣领的位置。

  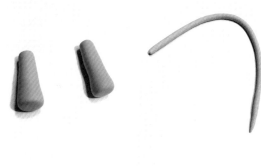

12 在腰带上用刀形工具刻出纹理，再将一条浅紫色泥条绕在衣领处，压扁。

13 用锥形工具在身体两侧戳两个小洞。

14 准备两块大小相同的蓝色锥形泥块和一条浅紫色细泥条。

15 将浅紫色细泥条平分，绕蓝色锥形泥块下沿粘贴，做袖口。

16 将它们固定在身体两侧。

17 用刀形工具刻出臂弯的衣褶并调整手臂的造型。

① 准备如图所示的的四块泥。

② 将其组合在一起,做成宝剑的造型。

⑱ 将两个肉色泥球压扁,并用锥形工具按压出手掌的纹路,再用刻刀刻出手指头的造型。

③ 用刻刀刻出宝剑的纹理。

④ 将宝剑固定在左手上。

⑲ 将手掌固定在手臂下方,并调整造型。

⑤ 在身体的正上方插一根牙签。

⑥ 将头固定在身体上。

3

赤发鬼 **刘唐**

七星劫纲大聚义
南征北战忠武郎

① 搓一个肉色泥球,轻轻按出眼睛和胎记的位置。

② 准备一片暗红色的圆形泥片粘在胎记的位置。

③ 用锥形工具戳出眼眶。

④ 准备一对白色泥球和一对较小的黑色泥球,组合后做眼睛。

⑤ 将眼睛放入眼眶中。

⑥ 将一个肉色小泥球粘在鼻子的位置。

⑦ 用尖头工具戳出鼻孔。

⑧ 用刻刀刻出嘴巴的位置。

⑨ 准备一条红色泥条,固定在嘴巴的位置,并用刻刀分割出上下嘴唇。

⑩ 准备两条大小相同的红棕色泥条,用刻刀刻出一些纹路,用来做眉毛。

⑪ 将眉毛粘在眼睛上方相应的位置,注意眉毛的方向。

12 准备若干红棕色小泥条，按照 m 形 13 准备一条黑色泥条，盘在头上。
依次粘在头顶，用来做头发。

14 按压出一片扁平的黑色泥片，做成如图
所示的形状。

15 准备一个红棕色泥球，和黑色泥 16 用锥形工具在头部两侧戳出两
片一起粘在头发上，做成发髻。 个洞。

17 准备两个大小相同的肉色泥球，用锥形工具按压出耳
朵的形状。

18 用锥形工具将耳朵固 19 搓两条红棕色泥条，粘在鼻子下
定在头部两侧。 方用来做胡须。

20 将若干红棕色泥条粘在下巴的位置，调整造型。用刀
形工具划出纹理，做络腮胡。

1. 将铝丝拗成如图所示的造型。

2. 将棕色泥片安在铝丝底部。

3. 将两块黑色泥块做成鞋子的造型。

4. 将鞋子安在铝丝上。

5. 准备一块灰色矩形泥块。

6. 将其固定在鞋子上方。

7. 搓一个灰色泥球，用来做上半身，固定在灰色矩形泥块上方。

8. 用刀形工具按压出衣领的纹路。

9. 准备一条棕色泥条，沿按压的纹路粘贴，做衣领，并剪掉多余部分。

10. 用刀形工具按压泥条。

11. 再准备一条黑色泥条，绕在腰上，用来做腰带。

12 用刀形工具刻出腰带的纹路。

13 在身体的两侧戳两个洞。

14 准备两块大小相同的青色圆锥形泥块，一头大，一头小。

15 将其固定在身体两侧，用来做手臂。

16 用刀形工具按压出臂弯的衣褶。

17 准备两个大小相同的肉色泥球，并用锥形工具压出手掌的造型。

18 用剪刀剪出大拇指，再用刻刀刻出四个手指。

19 将手固定在手臂的下方，并调整造型。

20 将一根牙签插入身体，再将头插在牙签上，固定好，刘唐就完成了。

力如牛猛坚如铁
撼地摇天黑旋风

1 搓一个肉色泥球。

2 按压出眼睛的大致位置，用锥形工具戳出眼眶。

3 准备一对白色泥球和一对较小的黑色泥球，组合后做眼睛。

4 将眼睛放入眼眶中。

5 再准备两条肉色泥条粘在眼睛上方做眼皮。

6 搓一个肉色小泥球粘在鼻子处，用尖头工具戳出鼻孔。

7 搓两条大小相同的黑色泥条，压扁后粘在眼睛上方，做眉毛。

8 准备若干黑色小泥条。

9 将小泥条粘在两鬓和下巴，用来做络腮胡。

10 准备若干黑色小泥条和一个黑色小泥球。

11 将泥条按 m 形排列在头顶，做头发，泥球放在头发上。

12 准备一条西瓜红小泥条，沿头顶圆球粘贴。

13 搓一个西瓜红泥球和一条梭形泥条，并粘贴在发巾上。

14 搓一条西瓜红泥条，固定在嘴巴的位置。

15 用刻刀割出上下嘴唇。

16 用锥形工具在头部两侧戳出两个小洞。

18 将耳朵固定在头部两侧，这样头部就完成了。

17 准备两个肉色泥球，用锥形工具按压出耳朵的形状。

1 将铝丝拗成如图所示的造型。

2 将一片压扁的褐色泥片套入铝丝底部。

3 将两块黑色泥块做成鞋子的造型。

4 将鞋子安在铝丝上。

5 再准备一块褐色矩形泥块。

6 将其固定在鞋子上方。

7 搓一个褐色泥球。

8 粘在裤子上方,做上半身。

9 用刀形工具按压出衣领的纹路。

10 搓一条粉红色泥条,绕在纹路上。

11 将泥条压扁。

12 再搓一条西瓜红泥条,绕在腰间,用来做腰带。

13 刻出腰带的纹路。

14 用锥形工具在身体的两侧戳出两个洞。

15 准备两块大小相同的褐色泥块做手臂。

16 将手臂固定在身体两侧。

17 准备两片粉红色圆形泥片。

18 将泥片粘在手臂的下方，并用工具按压出臂弯的衣褶。

19 准备两个肉色小泥球，用锥形工具压出手掌的造型。

20 用剪刀剪出大拇指的形状。

21 将手粘在手臂的下方，并调整造型。

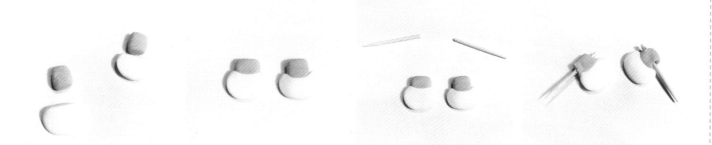

1 准备两对大小相同的白色椭圆泥片和蓝色泥块，并粘在一起。

2 再准备一根牙签折成两段，再将小牙签插入蓝色泥块里，做两把小斧头。

3 将斧头固定在李逵手中，用牙签固定头部，李逵便做好啦!

5

船火儿 **张横**

冲波如水怪
跃浪似飞鲸

1 搓一个肉色泥球，用锥形工具戳出眼眶。　2 准备一对白色泥球和一对较小的黑色泥球，组合后做眼睛。　3 将眼睛放入眼眶中。

4 搓一个肉色小泥球，粘在鼻子的位置。　5 用尖头工具戳出鼻孔。　6 搓两条大小相同的黑色泥条，粘在眼睛上方，用来做眉毛。　7 将一块白色泥块压扁，粘在嘴巴的位置。

8 用刻刀刻出牙齿。　9 准备两条细细的肉色泥条，沿嘴巴粘贴一圈，做上下嘴唇。　10 再准备两条黑色泥条，粘在鼻子下方，用来做胡须。

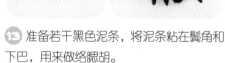

⑪ 准备一块深灰色的馒头形泥块，粘在头顶，用来做帽子。

⑫ 搓一条深灰色泥条，绕帽子周围一圈做帽沿。

⑬ 准备若干黑色泥条，将泥条粘在鬓角和下巴，用来做络腮胡。

⑭ 再准备若干黑色泥条，继续贴胡子，贴得浓密一些。

⑮ 用锥形工具在帽子的顶端戳一个洞。

⑯ 准备一个黑色泥球，放置在洞里，并用刀形工具调整造型。

⑰ 搓一条红色泥条，绕在黑色泥球的周围。

⑱ 再准备两条大小相同的深灰色泥条，压扁。

⑲ 用刀形工具刻出一些纹理，并且将泥条捏出如图所示的形状。

1 将铝丝拗成如图所示的造型。

2 将一片压扁的青灰色泥片安在铝丝底部。

3 将两块黑色泥块做成鞋子的造型。

4 将鞋子安在铝丝上。

5 再准备一块深灰色矩形泥块。

20 将其粘在后脑勺处，用来做头巾。这样头部就完成了。

6 将其安在鞋子上方。

7 准备一块肉色矩形泥块和深灰色三角形泥块。

8 将两块泥块粘在一起。

⑨ 调整一下整体形状，用来做张横的身体。

⑩ 用刀形工具按压出胸肌。

⑪ 叠在灰色泥块上方上。

⑫ 搓一条深灰色泥条绕在腰间，用来做腰带。

⑬ 用刻刀刻出腰带的纹路。

⑭ 准备一条棕色泥条，粘在肚子和衣服的连接处。

⑮ 背后也同样压平粘好。

⑯ 再准备一条棕色泥条，粘在腰带下方的位置。

⑰ 搓一条红色泥条，绕在腰带外面，用刀形工具刻出一些纹理。

⑱ 搓两个肉色小泥球，粘在胸部的位置，做乳头。

⑲ 准备若干黑色小泥条。

⑳ 将小泥条错落地粘在胸前，用来做胸毛。

21 用锥形工具在身体的 两侧戳出两个小洞。

22 搓一条肉色泥条，用来做手臂，固定在身体 左侧。

23 再准备若干黑色短泥条，用来做腋毛，粘在 腋窝。

24 用锥形工具压出手掌的造型，用剪刀 剪出手指头的形状。

25 用刀形工具刻出 肘关节。

26 准备一条深灰色泥条，固定在身体 的右侧。

27 准备一个肉色小泥 球，用锥形工具按压出手 掌的纹路。

28 用刻刀刻出手 指头的形状，再用 剪刀剪出大拇指。

29 将手掌粘在手臂 下方。

① 将牙签插到身体里，并将肉色圆柱体泥块插在牙签上做脖子。

② 再将头部固定在身体上方。

③ 准备一条棕色泥条，一头尖一点，用刀形工具按压边缘，做出刀刃。

④ 再准备两条深棕色小泥条，将小泥条粘在棕色泥条上，正反各一条。

⑤ 准备一条黄色小泥条，粘在泥条一端。

⑥ 再准备一块深棕色小泥块，粘在刀上，用来做刀柄。

⑦ 再搓一个黄色小泥球粘在刀柄末端。

⑧ 准备若干红色小泥条。

⑨ 将小泥条粘在刀柄上，用来做红色的流苏。

⑩ 将刀粘在身体的后面，完成。

翻波跳浪性如鱼
张顺名传千古

① 搓一个肉色泥球，用锥形工具戳出眼眶。

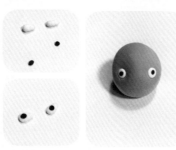

② 准备一对白色泥球和一对较小的黑色泥球，组合后做眼睛。

③ 准备一块白色泥块，用锥形工具按压出嘴巴的形状。

④ 将嘴巴固定在相应的位置。

⑤ 用刻刀刻出牙齿的形状。

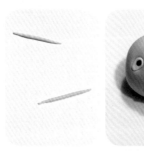

⑥ 再搓两条肉色泥条绕在嘴巴的周围，做上下嘴唇。

⑦ 将一个肉色泥球粘在鼻子的位置。

⑧ 用尖头工具戳出鼻孔。

⑨ 搓两条大小相同的黑色泥条，粘在眼睛上方，用来做眉毛。

⑩ 准备若干黑色小泥条。

⑪ 将小泥条按 m 形粘在头顶上，用来做头发。

⑫ 搓两个肉色泥球，用锥形工具压出耳朵的形状。

⑬ 用锥形工具在头部两侧戳出耳朵的位置。 ⑭ 将耳朵固定在头部两侧。

⑮ 将一块黑色圆柱体泥块粘在头顶,用刀形工具刻出纹路。 ⑯ 将一条红色泥条绕在黑色泥块周围,并调整形状。

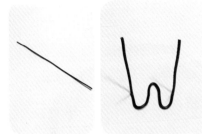   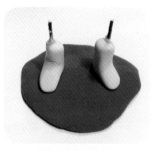

① 将铝丝拗成如图所示的造型。

② 将一片压扁的灰色泥片安在铝丝底部。

③ 将两块肉色泥块做成脚的造型。

④ 将脚安在铝丝上。

⑤ 用刻刀刻出脚趾头的纹路，左右脚都一样。

⑥ 将两块大小相同的肉色圆柱体泥块固定在脚的上方，用来做大腿。

⑦ 再将两个肉色泥球粘在相接处，压扁，用来做膝盖。

⑧ 准备一块红色梯形泥块。

⑨ 用锥形工具在红色梯形泥块下方戳出两个洞。

⑩ 将红色泥块固定在腿上。

⑪ 用刀形工具在背面刻出臀部的造型。

身 体

   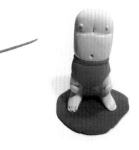

⑫ 准备一块肉色矩形泥块，作为身体，用刀形工具刻出胸肌的造型。

⑬ 用尖头工具戳出肚脐眼。

⑭ 搓两个肉色小泥球粘在胸部，作为乳头，再将上半身与裤子粘贴。

⑮ 准备一条红色泥条做腰带，缠在腰间。

⑯ 用锥形工具在身体的两侧戳出两个洞，用来固定手臂。

⑰ 将两条肉色泥条固定在身体两侧。

⑱ 将手臂弯曲成叉腰状，用刀形工具刻出手掌的形状和关节处的纹理。

⑲ 用刻刀刻出手指头的形状。

⑳ 在身体的正上方插一根牙签。

·79·

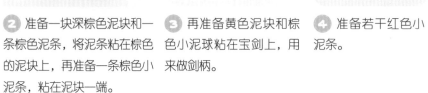

① 将头固定在身体上方。

② 准备一块深棕色泥块和一条棕色泥条,将泥条粘在棕色的泥块上,再准备一条棕色小泥条,粘在泥块一端。

③ 再准备黄色泥块和棕色小泥球粘在宝剑上,用来做剑柄。

④ 准备若干红色小泥条。

⑤ 将小泥条粘在剑柄上,注意调整造型,用来做红色的流苏。

⑥ 将宝剑粘在身体的后面。

⑦ 搓一条细长的黑色泥条,绕身体一圈和宝剑粘在一起。

⑧ 宝剑上也绕一圈黑色小泥条,张顺就做好啦!

第四章

地煞星

神机军师

朱武

令堪副吴用
朱武号神机

 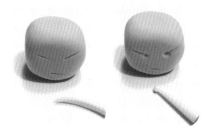 

① 搓一个肉色泥球。　② 用尖头工具划出五官的大致位置。　③ 准备一对白色泥球和一对较小的黑色泥球，组合后做眼睛。　④ 将眼睛放入眼眶中。

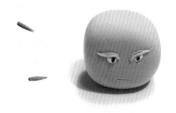   

⑤ 准备两条肉色泥条，粘在眼睛上方，眼尾略微上翘。　⑥ 搓两条黑色小泥条，粘在眼睛的上方，用来做眉毛。　⑦ 搓一条黑色泥条，用刻刀刻出胡子的造型。　⑧ 将胡子粘在嘴巴上方。

⑨ 在眉毛中间粘上红色泥条。　⑩ 将一条紫色小泥条固定在嘴巴的位置。　⑪ 准备若干黑色小泥条。　⑫ 将小泥条整齐地粘贴在后脑勺处，做头发。

13 准备一块棕色矩形泥块和一块棕色扁平泥块，粘在一起。

14 交叉贴上黄色菱形线条。

15 搓黑色、白色泥条各一条，组合成太极图的造型。

16 继续搓两个黑白小圆点粘在上方。

17 将太极图固定在棕色泥块上。

18 将棕色泥块固定在头顶上，做帽子。

19 搓一条深棕色泥条，沿头顶的帽子底部粘贴。

20 用锥形工具在头部两侧戳出耳朵的位置。

21 将两个肉色小泥球压扁，用锥形工具按压出耳朵的形状。

22 将耳朵固定在头两侧。

23 在下巴的位置粘一块黑色泥块做胡须，并用工具制作些许纹路。

1 搓一块棕色圆柱体泥块做身体，用刀形工具在腰部划出一道纹理，并在泥块表面按压一些交叉的纹路。

2 继续用刀形工具按压。

3 搓一条黄色泥条分成若干段，绕在棕色泥块的纹路上。

4 继续粘黄色泥条。

24 搓一个肉色泥球贴在胡子上方，做鼻子，并用工具戳出鼻孔。

5 再将一些黄色泥条按反方向固定粘贴。

6 将黄色泥条全部按压扁平。

⑦ 将一条黑色泥条绕在中间做腰带。

⑧ 用刻刀刻出腰带的纹理。

⑨ 把一条黑色泥条平分粘在身体上。

⑩ 用刀形工具刻出纹理。

⑪ 将一块肉色泥块固定在图示位置。

⑫ 用锥形工具在身体两侧戳出两个洞。

⑬ 准备两块大小相同的棕色泥块和一条黄色泥条。

⑭ 将黄色泥条绕在棕色泥块上。

⑮ 将黄色泥条继续反方向绕。

⑯ 将绕好的棕色泥块固定在身体两侧。

⑰ 将手臂弯折，调整造型。

⑱ 将两个肉色泥球压扁，用锥形工具按压出手掌的纹路，再用刻刀刻出手指头的造型。

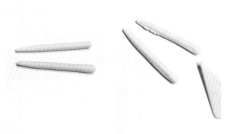

19 将手掌固定在手臂下方,并调整造型。

1 在身体的正上方插一个牙签。

2 将头部固定在身体上。

3 搓两条大小相同的浅蓝色泥条,用刀形工具制作狼牙棒的造型。

4 准备黑色泥条和泥球,并将其组合在一起。

20 背后的手掌按照如图所示的形状调整。

5 用黑色小泥条绕身体一圈,并将武器交叉固定在身体后方。

果然陈达人中虎
跃马腾枪奋鼓鼙

 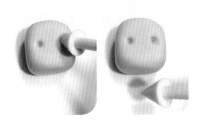 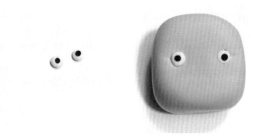

① 准备一块肉色矩形泥块。　② 用锥形工具戳出眼眶。　③ 准备一对白色泥球和一对较小的黑色泥球，组合后做眼睛。　④ 将眼睛放入眼眶中。

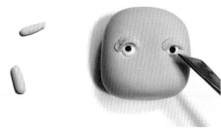  

⑤ 准备两条肉色泥条，粘在眼睛上方做眼皮。　⑥ 搓两条黑色小泥条，用刻刀刻出纹理。　⑦ 粘在眼睛的上方，用来做眉毛，并在鼻子的位置粘一个肉色小泥球。

⑧ 用尖头工具戳出鼻孔，并调整造型。　⑨ 将两条黑色泥条粘在鼻子下方，用来做胡子，调整造型。　⑩ 将一条红色泥条固定在嘴巴的位置，用刻刀割出上下嘴唇。

11 将一块黑色的三角形泥块粘在下巴位置。

12 用刻刀刻出胡子的纹路。

13 准备若干黑色小泥条粘在头顶，用来做头发。

14 继续完善头发的造型。

15 将棕色圆片用刻刀刻出图示的纹路。

16 将它粘在头发上，用来做头饰。

17 再将一个棕色泥球粘在头饰上。

18 搓一条黄色泥条，绕棕色泥球粘贴，并用刻刀刻出纹路。

19 用锥形工具在头两侧戳出耳朵的位置。

20 将两个肉色小泥球压扁，用锥形工具按压出耳朵的形状。

21 将耳朵固定在头两侧。

① 将铝丝拗成如图所示的造型。

② 将一片压扁的褐色泥片套入铝丝底部。

③ 将两块黑色泥块做成鞋子的造型。

④ 将鞋子安在铝丝上。

⑤ 准备一块棕色矩形泥块和一条黄色泥条。

⑥ 将黄色泥条缠在棕色泥块上。

⑦ 将泥块粘在鞋子上,用来做裤子。

⑧ 再将一块黄色矩形泥块粘在棕色泥块上。

⑨ 用刀形工具按压出衣领的位置。

⑩ 将一条黑色泥条缠绕在衣领上。

⑪ 用刀形工具将黑色泥条压扁。

⑫ 用锥形工具在身体两侧戳出两个小洞。

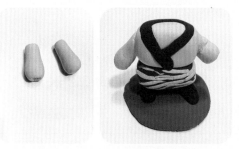

⑬ 搓两块上小下大的黄色泥块，固定在身体两侧。

⑭ 将一条黑色泥条绕在腰间，用来做腰带。

⑮ 用刻刀刻出腰带的纹理。

⑯ 将两块红色小泥块粘在手臂下方。

⑰ 把一片红色半圆形泥片的一边折叠。

⑱ 将其粘在衣领的后方，用来做披风。

⑲ 用刀形工具刻出披风的衣褶。

⑳ 将一条红色泥条对折。

㉑ 把它绕在衣领上方，做成红领巾。

㉒ 在身体上插一根牙签。

㉓ 将头固定在牙签上。

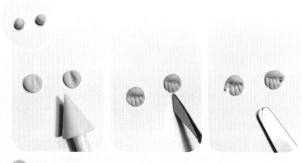

㉔ 将两个肉色泥球压扁，用锥形工具按压出手掌的纹路，再用刻刀刻出手指头的造型，用剪刀剪出大拇指。

㉕ 将手掌固定在手臂下方的位置。

① 准备一根铝丝、一条红色泥条，用红色泥条 包裹铝丝。 ② 将一条灰色泥条压扁，在其正反面各放一片黑色泥片做枪头。

③ 把它和铝丝固定在一起，做武器。 ④ 将两条黄色泥条粘在连接处。

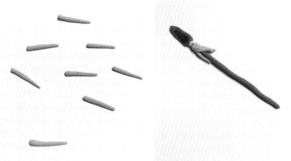

⑤ 准备若干蓝色 小泥条，粘在黄色 泥条下方，做出流 苏的效果。

⑥ 将武器固定在陈达的左 手上，完成。

3

白花蛇

杨春

伸臂展腰长有力

能吞巨象白花蛇

1 搓一个肉色泥球。　2 用锥形工具戳出眼眶。　3 准备两个白色小泥球和两条黑色泥条，做眼睛。　4 将眼睛放入眼眶里。

5 搓两条黑色泥条，做出倒钩的样子粘在眼睛上方，用来做眉毛。　6 搓一个黑色小圆球粘在眉心。　7 准备两条肉色泥条粘在眼睛上方做眼皮。

8 搓一个肉色小泥球粘在鼻子的位置。　9 用尖头工具戳出鼻孔。　10 再用尖头工具戳出嘴巴的位置。　11 准备一条红色泥条固定在嘴巴上。

12 用锥形工具再戳一下嘴角，使嘴型更加立体。

13 准备若干黑色和深灰色小泥条。

14 将它们按照一定纹路粘在头顶上，用来做头发。

15 在头的两侧戳两个小洞。

16 搓两个大小相同的肉色泥球，用锥形工具按压出耳朵的造型。

17 将耳朵固定在头两侧。

18 再准备若干黑色泥条。

19 将头顶其余的地方粘上泥条。

20 揉一个黑色圆柱体发髻粘在头顶，并划出一些纹路。

21 搓一条长的浅黄色泥条和一条短的中黄色泥条，将短泥条粘在长泥条上面。

22 用刀形工具刻出纹路。

23 将蛇的形状做出来。

25 将蛇绕在头发上,并用工具戳出蛇的眼睛和鼻子。

1 将铝丝拗成如图所示的形状。

2 将蓝灰色的泥压扁作为底座。

3 将泥片从上往下套在铝丝底部。

26 用绿色和黑色小泥球做蛇的眼睛和鼻子,这样头部就完成了。

4 准备两块大小一样的黑色泥块,做成鞋子的造型。

5 将鞋子安在铝丝上。

6 准备一块浅绿色矩形泥块。

7 将浅绿色泥块安在鞋子的上方。

8 再准备一块略大的浅绿色泥块。

9 继续叠上。

⑩ 用刀形工具按压出衣领的纹路。　⑪ 搓一条翠绿色泥条。　⑫ 将泥条粘在按压纹路上作为衣领，剪去多余的部分。

⑬ 再准备一条墨绿色泥条绕在腰间。　⑭ 用刻刀仔细地刻出腰带的纹路。　⑮ 用锥形工具在身体的两侧戳出两个洞，用来固定手臂。　⑯ 搓两条大小相同的浅绿色泥条做手臂。

⑰ 将手臂固定在身体两侧。　⑱ 用刀形工具刻出臂弯的衣褶。　⑲ 准备一条墨绿色泥条，做成两个大小一样的小圆圈。　⑳ 将圆圈粘在手臂下方的位置。

21 搓两个大小相同的肉色泥球，用锥形工具压出手掌的纹路，再用刻刀工具刻出手指的形状。

1 将牙签插在身体上，把做好的头固定在牙签上。

2 准备一块棕色泥块和两条浅棕色小泥条。

3 将两个小泥条粘在棕色泥块上，正反各一条。

22 用剪刀剪出大拇指。

4 再准备一条短的浅棕色小泥条，压扁后粘在棕色泥块下面。

5 准备一块棕色泥块和一条肉色泥条，将肉色泥条绕在棕色泥块上。

6 将泥条与泥块组合，再准备一片小的浅棕色泥片粘在下方。

23 将两只手粘在手臂下方。

7 将做好的宝剑固定在身体的后方。

8 搓一条细细的棕色泥条，绕身体粘贴作为宝剑的背带，再调整最终造型，就完成了。

形容如怪族
行走似飞仙

① 准备一个肉色泥球，并按压上半部分。

② 将一条黑色泥条压扁。

③ 将黑色泥条粘在肉色泥球上，用来做眼罩。

④ 用锥形工具在眼罩上戳出眼眶。

⑤ 准备一对白色泥球和一对较小的黑色泥球，组合后做眼睛。

⑥ 将眼睛放入眼眶中。

⑦ 准备一个肉色小泥球，做成鼻子粘在眼罩的下方，并戳出鼻孔。

⑧ 搓一条红色泥条，用刻刀刻出嘴巴的位置。

⑨ 将红色小泥条固定在嘴巴的位置上，并用刻刀割出上下嘴唇。

⑩ 搓两条黑色泥条，粘在鼻子的下方，用来做胡须。

⑪ 准备一块灰色泥块，粘在头顶，用来做帽子。

⑫ 用刀形工具在帽子顶端刻出褶皱。

⑬ 准备一条绿色泥条，粘在帽子与头的连接处。

⑭ 准备两条大小相同的黑色泥条，用锥形工具压成如图所示的形状。

⑮ 再准备两条略长的黑色泥条，刻出纹路并且压成如图所示的样子。

⑯ 将四条黑色泥条粘在后脑勺，用来做头发。

⑰ 用锥形工具在头的两侧戳出两个小洞。

⑱ 准备两个大小相同的肉色泥球，用锥形工具压成耳朵的形状。

⑲ 将耳朵固定在头两侧，这样，头就完成了。

1 将铝丝拗成如图所示的造型。

2 将一片压扁的青灰色泥片套入铝丝底部。

3 将一块黑色泥块做成鞋子的造型。

4 将鞋子插在铝丝上。

5 将棕色泥块捏成葫芦状，做布袋，用刀形工具刻出纹路。

6 用工具按压出如图所示的造型，使这个布袋更有立体感。将棕色泥块插在铝丝上。

7 将红色泥块揉成圆柱体作为裤腿。

8 将其固定在鞋子上。

9 再准备一块深灰色泥块，在底部戳两个洞。

10 将深灰色泥块的其中一个洞固定在裤腿上，并与布袋粘在一起。

11 搓一条棕色泥条，用刀形工具刻出纹路。

⑫ 在棕色泥条底部用锥形工具戳一个洞。

⑬ 将布袋尖的那端插入棕色泥条的洞里，再将棕色泥条搭在身体上，调整造型。

⑭ 再用锥形工具在身体底部靠前的位置轻轻按压。

⑮ 将一块红色圆柱体泥块粘在下半身作为另外一只裤腿，裤腿朝外。

⑯ 再将一块黑色泥块做成鞋子。

⑰ 将鞋子粘在红色泥块前面。

⑱ 准备一片深灰色泥片，用剪刀在中间剪出一个口子，再用刻刀刻出纹路。

⑲ 将泥片粘在红色裤腿的上方。

⑳ 用同样方法再做一片泥片粘在另外一边，用来做下摆的褶皱。

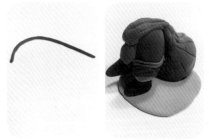

㉑ 搓一条绿色泥条，粘在裤子褶皱的上方，并用刻刀划出纹路。

㉒ 在身体两侧分别戳两个小洞。

23 准备两条大小相同的深灰色泥条。

24 将泥条固定在身体两侧，用来做手臂，并调整角度。

25 将头部固定在身体上，再将两块肉色泥块做成手掌并粘贴，调整整体造型。

菜园子 **张青**

老实宽厚守本分
铮铮铁骨铸英雄

1 搓一个肉色泥球，用锥形工具戳出眼眶。

2 准备一对白色泥球和一对较小的黑色泥球，组合后做眼睛。

3 将眼睛放入眼眶中。

4 搓两条大小相同的黑色泥条，粘在眼睛上方，用来做眉毛。

5 搓一个肉色小泥球，粘在鼻子的位置。

6 用尖头工具戳出张青的鼻孔。

7 用刻刀刻出嘴巴的位置，并用红色小泥条固定。

8 将一条黑色小泥条粘在鼻子下方，用来做胡子。

9 准备若干黑色泥条，粘在嘴巴下方做成胡子的造型。

10 搓若干黑色泥条。

11 将泥条顺着图片所示的方向粘到头顶。

12 准备若干绿色小泥片，做成青菜的样子，错落粘贴在张青的头发上。

13 再准备一个黑色泥球粘在发饰上，用刀形工具制作纹路。

14 用锥形工具在头的两侧戳出耳朵的位置。

15 搓两个大小相同的肉色泥球，并用锥形工具压出耳朵的形状，再固定在头部两侧。

16 准备两条黑色泥条，用来做鬓角的头发，这样头部就完成了。

① 将铝丝拗成如图所示的造型。

② 将一片压扁的灰色泥片套在铝丝的底部。

③ 用两块黑色泥块做成鞋子的造型。

④ 将鞋子安在铝丝上。

⑤ 准备两块棕灰色圆柱体泥块，插在鞋子上方做裤子。

⑥ 搓一个绿色泥球做上半身，插在裤子的上方。

⑦ 将一片绿色的扁平矩形泥片粘在张青身后作为衣服后摆。

⑧ 准备一片扁平的三角形泥片粘在裤腿前方作为前摆。

⑨ 用刀形工具刻出衣服的纹路以及衣领的位置。

⑩ 准备两条浅绿色泥条。

⑪ 一条沿衣领粘贴，一条粘在腰的位置，并压扁。

⑫ 将三角形衣角往上翻，粘在腰带上，用刀形工具划出纹路。

⑬ 用锥形工具在身体的两侧戳两个洞。

⑭ 准备两条大小相同的绿色泥条，用来做手臂。

⑮ 将手臂固定在身体两侧。

⑯ 调整手臂造型，并用工具在臂弯处划出衣褶。

⑰ 搓两个肉色小泥球，用锥形工具压出手掌。

⑱ 再用刻刀刻出手指的形状，大拇指稍微分开一些。

⑲ 准备两片浅绿色圆形泥片，用来做袖口，再将手粘在袖口下方。

1️⃣ 准备一根小铝丝和一条棕色泥条，将铝丝穿入泥条里，做木棍。

2️⃣ 准备一条白色泥条、一个青灰色半圆形泥片和泥球，用来做锄头。

3️⃣ 将几个部分粘好，完成锄头的制作。

4️⃣ 将锄头柄粘在张青的右手上。

5️⃣ 用牙签将头和身体连接固定，张青就完成了。

勇敢机智有胆量
七星聚义取珍宝

白日鼠 **白胜**

6

1 搓一个肉色泥球。

2 用锥形工具戳出眼眶。

3 准备一对白色泥球和一对较小的黑色泥球，组合后做眼睛。

4 将眼睛放入眼眶中。

5 搓两条大小相同的黑色泥条，粘在眼睛上方，用来做眉毛。

6 再搓一个肉色小泥球，粘在鼻子的位置。

7 用尖头工具戳出鼻孔。

8 再用锥形工具戳出嘴巴。

9 准备一个红色泥球，用锥形工具戳进嘴巴里。

10 搓两个白色小泥点做牙齿，粘在嘴巴里。

11 将一条肉色泥条粘在嘴巴上方，用来做上嘴唇。

12 再搓出一对黑色泥条做胡须，粘在鼻子两侧。

⑬ 准备若干黑色小泥条，将小泥条粘在头顶，用来做头发。

⑭ 将一片压扁的蓝色泥片捏成如图所示的造型粘在头发上，用来做头巾。

⑮ 用刀形工具按压出头巾的纹路。

⑯ 搓一个蓝色泥球，粘在凸出来的地方作为发髻。

⑰ 用锥形工具在头部两侧戳两个洞。

⑱ 搓两个大小一样的肉色泥球，并用锥形工具压出耳朵的造型。

⑲ 将耳朵固定在头部两侧，这样头部就完成了。

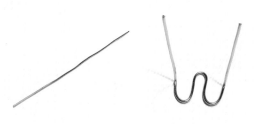

① 准备一根铝丝拗成如图所示的形状。

② 将一片扁平的深灰色泥片套在铝丝底部。

③ 准备一对肉色圆柱体泥块和黑色椭圆形泥片。

④ 将两对泥块粘在一起，做两只脚。

⑤ 将脚安在铝丝上。

⑥ 准备两块大小相同的黑色圆柱体泥块。

⑦ 将两块黑色泥块继续粘在铝丝上方，粘紧，用来做裤子。

⑧ 搓一个肉色泥球，用刀形工具在肚皮上划出两道纹路，分出胸部和腹部。

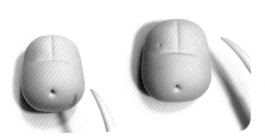

⑨ 再用尖头工具戳出肚脐眼和胸部的位置。

⑩ 准备两个大小一样的肉色小泥球，粘在胸部的位置。

⑪ 将身体固定在腿的上方。

12 搓一条长长的浅蓝色泥条，缠在白胜的腰间，再用刀形工具划出几道纹路，用来做腰带。

13 准备一片蓝色矩形泥片，粘在白胜后背的位置。

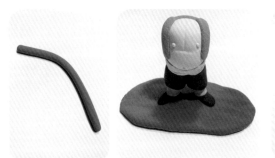

14 再准备一条蓝色泥条，分成两条大小相同的泥条，粘在白胜的肩膀位置。

15 用锥形工具在身体的两侧戳出两个小洞。

16 准备两块大小一样的肉色圆柱体泥块，用来做手臂。

17 将手臂固定在身体两侧。

18 用刀形工具刻出手臂中间的关节，调整手臂的姿势。

① 准备一根铝丝和一条棕色泥条，将铝丝插入棕色泥条中，用来做木棍。

② 在白胜身体的正上方插一根牙签，用来固定头部。

③ 将白胜的头插在牙签上。

④ 将做好的木棍粘在白胜的左臂上。

⑤ 搓一个肉色小泥球，用锥形工具按压出手掌的造型。

⑥ 用刻刀刻出手指的纹路。

⑦ 将手掌粘在白胜的左臂上。

⑧ 准备一块棕色圆柱体泥块，并用刀形工具刻出几道纹路，再用锥形工具在上方戳一个洞出来。

⑨ 准备一根铝丝和一条略短的棕色泥条，将铝丝插在泥条中。

⑩ 将泥条与前面的小圆柱体插在一起，做白胜的酒勺。

⑪ 搓一个肉色小泥球用锥形工具按压出手掌的纹路，再用刻刀刻出手指的形状，最后用剪刀剪出大拇指。

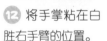  

⑫ 将手掌粘在白胜右手臂的位置。

⑬ 将做好的酒勺粘在白胜的右手掌上。

⑭ 将两个大小相同的棕色泥球按压成边缘柔和的圆柱体，再用刀形工具刻出酒坛的纹路。

⑮ 搓一条棕黄色泥条，分成大小相同的两段，沿酒坛的上方粘贴一圈。

⑯ 准备两片相同大小的正方形红色泥片，再搓一条黑色小泥条。

 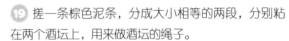

⓱ 将黑色小泥条分成两段做成图形粘在小红方块上。

⓲ 再将两个红方块粘在酒坛上。

⓳ 搓一条棕色泥条，分成大小相等的两段，分别粘在两个酒坛上，用来做酒坛的绳子。

⓴ 将两个酒坛放在深灰色底座上，这样白日鼠白胜就做好了。

图书在版编目（CIP）数据

黏土·指尖上的《水浒传》/ 赵飞，吴霜著 . —杭州：
浙江古籍出版社，2022.6

ISBN 978-7-5540-1977-1

Ⅰ.①黏… Ⅱ.①赵… ②吴… Ⅲ.①粘土—玩偶—手工
艺品—制作Ⅳ.① TS973.5

中国版本图书馆 CIP 数据核字（2021）第 026553 号

黏土·指尖上的《水浒传》

赵飞　吴霜　著

出版发行	浙江古籍出版社
	（杭州市体育场路 347 号）
网　址	https://zjgj.zjcbcm.com
责任编辑	刘成军
文字编辑	张靓松
责任校对	安梦玥
封面设计	吴思璐
责任印务	楼浩凯
照　排	杭州兴邦电子印务有限公司
印　刷	浙江新华印刷技术有限公司
开　本	889mm × 1000mm　1/20
印　张	6.2
字　数	120 千字
版　次	2022 年 6 月第 1 版
印　次	2022 年 6 月第 1 次印刷
书　号	ISBN 978-7-5540-1977-1
定　价	48.00 元

如发现印装质量问题，影响阅读，请与本社市场营销部联系调换。